动物园里的朋友们

（第一辑）

我是企鹅

[俄] 德·克雷洛夫 / 文
[俄] 阿·扎尼基扬 / 图
刘昱 / 译

江西美术出版社
全国百佳出版单位

我是谁？

我是企鹅——大自然母亲的杰作。我们是如此完美，如此优雅和精致。

大自然母亲也创造了人类！我们真高兴！你们和我们一样，用两只脚移动，但步伐可真有趣，你们非但没有摇摇晃晃，还能保持平衡。想象一下——高高瘦瘦的企鹅走起路来竟然一点儿都不摇晃！真是太搞笑了！

你们经常可以在动物园看见我们。有时也会在我们的故乡南极洲与我们相遇。你们坐着轰隆隆的大铁船，见到我们第一件事就是拍照。别忘了一定要穿上厚厚的羽绒服，虽然这样你们看起来和我们有点像，不过没有我们好看。

我们长什么样？

现在要集中注意力仔细听！谁记住得多，我就会邀请谁去南极洲度假，那里可是世界上最棒的地方！我们是唯一会游泳的鸟类，但是不会飞。我们又不是贪婪的海鸥，为什么要会飞？人类有2000多种不同的民族，真是太多了！我们只有18种——这个数量已经足够了。有冠毛企鹅、小蓝企鹅、黄眼企鹅、南跳岩企鹅、帽带企鹅，还有最美丽的帝企鹅……我非常自豪，因为我就是一只帝企鹅。我们是世界上体型最大、最漂亮、最重要的企鹅！为了让你能更容易想象到我们的尺寸，让我来悄悄告诉你：我们身高大约120厘米，就像7~8岁的小男孩那么高！你们把最小的企鹅叫作小蓝企鹅。哈哈，科学家的想象力可真是太贫乏了！

6只小蓝企鹅加起来相当于一个成年人的身高。

我们的居住地

我们只生活在南半球，那里可以自由地进入大海。我们是伟大的旅行家，从南极洲去往澳大利亚、南非海岸、新西兰海岸和南美洲，甚至还去了离赤道很近的科隆群岛——那里虽然炎热，但企鹅们可以生活。不过越暖和的地方，我们的亲戚越少。我们帝企鹅只生活在南极洲。你知道那里的温度是多少吗？−50℃！这是最适宜企鹅生存的温度。每小时 200 千米的风对我们来说并不可怕。不是每个人都能来找我们玩的，你在 −50℃时肯定会冻得大喊：“啊！好冷啊！”但我们喜欢寒冷，因为寒冷对我们的器官有好处。我们能活 25 年，比你的小猫、小狗寿命都长。

帝企鹅的寿命可达 25 年，
小蓝企鹅的寿命可达 12 年。
动物园里的企鹅住在玻璃房子里，
这样可以少生病。

我们为什么没被冻僵？

你可能很好奇，我们怎么能在这样严酷的条件下生存下来？很简单！你也可以。首先，我们有 3 厘米厚的脂肪层，最重要的是，脂肪层上面必须要覆盖着三层短小光滑的羽毛，这些羽毛要紧紧地贴合在一起。

你知道有多紧吗？看看你大拇指的指甲盖，它的面积约为 1 平方厘米。

我们身上就指甲盖这么大小的地方上，大约长着 70 根羽毛——也就是说，每平方厘米上有 70 根羽毛。这样的羽毛层可以保存热量，即使在零下 60℃，周围狂风呼啸，我们也没什么好怕的。其次，我们尾巴附近有一个特殊的腺体，能够分泌油脂，防止羽毛浸湿，这点非常重要。

我们的画像

如果你想成为企鹅，必须要有黑黑的后背和雪白的肚皮。雪白的肚皮和水上方的光线颜色差不多，这样水中的猛兽就不会发现你。那些水面上方的敌人会觉得黑黑的后背和深水的颜色很像，而身后一条小小的尾巴可以帮助你站在陆地上。

企鹅非常喜欢游泳！所以你要有流线型的身躯和翅膀（不要忘了，我们是鸟类），这样游泳十分方便。还需要有带脚蹼的爪子。而且你必须有和脑袋差不多长的喙。喙里面还得有突起的肉刺，因为企鹅是猎人！为了捉住猎物，我们需要喙里的这些刺。它们就像捕兽器，让捉到的猎物动弹不得。

企鹅的翅膀不能弯曲。

企鹅的羽毛覆盖着耳朵，

这样可以防止耳朵进水。

我们的感官

告诉我，你的视力怎么样？我们在陆地上有点近视，但在水里看得很清楚。人类科学家至今也没弄清楚，在水下我们是否用听觉来追踪猎物或发现敌人。我也不会告诉他们正确的答案。你长大了以后，可以好好研究企鹅，到时候就都明白了。

还有，别忘了：千万不要相信一些愚蠢的流言——一些人类嫉妒我们，说我们的声音刺耳，十分难听。真是大错特错，当我们在一起讨论事情或者表达喜悦的时候，声音悠扬动听，好像小号和哐啷棒（注：俄罗斯的一种民间打击乐器）的二重奏。还有什么比这种声音更动听？你听过小号和哐啷棒一起演奏吗？没有？以后会有机会的！

企鹅识别深蓝色的能力很强，
识别红色
的能力弱一些。

行走和潜水

人们羡慕我们的美丽和优雅。没错，我们踱着小碎步，一摇一摆地从一边走到另一边。真是太可爱了！我们跑步的时候，脖子优雅地前伸，翅膀微微地展开。我们下冰山时，犹如轻盈的羽毛，肚皮贴地，用翅膀掌握方向，用爪子推动在冰面上滑行。

翅膀可以帮助我们潜水，伸展的双腿是我们的方向盘。在水下我们的速度可以达到 10 千米 / 小时。巴布亚企鹅虽然体型小，但游泳速度是我们帝企鹅的 3.6 倍！帝企鹅能够潜到水深 540 米的地方，屏住呼吸 18 分钟，然后跳到 1.5 米高的悬崖海岸上！

企鹅平均每天有80分钟在水下3米深的地方度过。

在陆地上，小蓝企鹅的速度大约为3千米／小时，和人类散步的速度差不多。

我们的食物

很快就上菜啦！看到这一桌大餐你是不是非常高兴？海鱼、鱿鱼、小虾，吃到我们嘴里，也就是喙里时，还新鲜无比。

喂养企鹅宝宝时，我们必须每天跳进海洋里捕食850次。嘘！我可没说错，就是850次。企鹅们一起出去捕猎：冲进鱼群，捕捉到的鱼放到喙里。我们还要喝海水。为了不让盐分积累在身体里，我们通过打喷嚏或者位于眼睛下方的特殊腺体来排出盐分。没错，我们会打喷嚏，所有积累的废盐都会飞出去。你看，我们把一切想得多周到！我们是大自然的杰作。是不是很酷？

阿德利企鹅每天需要大约2千克食物，是自己体重的1/3。

我们的家

我们是群居动物。我们在共同生活的村庄里搭建自己的房子。企鹅们需要房子来产卵、孵蛋。

一个马可罗尼企鹅群平均有

600 000只企鹅。

为了建造自己的小窝，我们需要小草、水藻、树枝、小石块和其他所有能放在羽毛下的东西，但必须时刻保持警惕。有时企鹅妈妈会产下一两个浅绿色的蛋，她的邻居们可以很容易地偷走其中一个。巴布亚企鹅筑巢后会大声喊叫，不让任何人靠近，所以他们也被称为“驴子企鹅”。但是，我们帝企鹅不搭巢，我们把蛋放在爪子上，小心地放在两腿之间，用育儿袋盖住它，不让它被冻住。

我们的企鹅宝宝

企鹅妈妈一次生一到两个蛋，一共需要三个月的时间来孵化，由企鹅妈妈交给企鹅爸爸。前一个半月里，企鹅爸爸负责孵蛋，而企鹅妈妈则负责外出捕食。

企鹅宝宝破壳而出时，几乎光溜溜的，羽毛很薄，前几个星期必须要保护他们不受寒风的侵袭。爸爸妈妈把企鹅宝宝放到“幼儿园”里，“幼儿园”往往设立在一块平坦的岩石上，那里有看护者守护着他们。否则企鹅宝宝们一不小心就会变成褐色贼鸥、海豹或海狮的盘中餐。企鹅宝宝们在看护者的照顾下愉快地玩耍，爸爸妈妈出去捕食，然后喂给宝宝半消化的食物。

企鹅宝宝的羽毛一整年都在生长。厚厚的羽毛能保护企鹅宝宝，让他自由自在地潜水、捕食。

我们的天敌

现在说一说我们的天敌。因为我们主要生活在南极洲还有附近大陆和岛屿上，在陆地上我们几乎没有天敌。

但是，在海洋里有很多危险等待着我们。我们是海狗、海狮、虎鲸和鲨鱼的美食。因此，我们很害怕下水。我们会聚成一群，长久徘徊，犹豫不决，有时长达半小时。在这之后我们当中最勇敢的那个会突然冲进水里，其他企鹅紧随其后。我们也会反击敌人，比如，如果有人想要抓住我们，我们就会狠狠地咬他的手！所以，一定要礼貌地对待我们！
受到石油污染的水
对企鹅来说非常危险——
它们的羽毛会因此
黏在一起。

你知道吗？

约6000万年前，企鹅就出现在地球上了！

科学家们认为，现在企鹅的外形和6000万年前的企鹅大不相同。没错，现在的企鹅明显小了许多。企鹅的祖先差不多有两米高（高于成年人的平均身高），体重大约120千克。

与企鹅最近的亲戚可能是海燕。

有一种说法认为，“企鹅”的名字来自拉丁语“Pingvus”，意思是“胖”；另一种说法认为，“企鹅”的名字来自两个威尔士语单词：“Pen（头）”和“guin（白）”；还有一些科学家们认为，因为企鹅有尖尖的翅膀，所以“企鹅”的名字来自英文单词“Pin（大头针）”和“wing（翅膀）”。

科学家们认为，“企鹅”一词曾经被用来称呼一种翅膀很小的海雀（这种鸟类现在已经灭绝）。海雀生活在北半球，也不会飞，但是游泳很出色。

企鹅被认为是最古老的鸟类之一。地球上曾经有40种企鹅，现在只剩18种。这些企鹅完全能够适应寒冷地区的生活！企鹅只能在动物园才会和北极熊见面，因为北极熊生活在北极，而企鹅生活在南极！

南极位于地球仪的最下方，北极位于最上方。靠近北极点的区域叫北极，靠近南极点的区域叫南极。

除了温暖的羽毛（更像是毛发）和脂肪层，企鹅还有其他的法宝来适应严酷的生活条件。比如，企鹅腿部温度大约是4℃，爪子还要暖和一些，可以融化周围的雪，企鹅走路时就不会跌倒了。

与其他鸟类不同，企鹅的腿不在身体的中间，而是稍微位于身体前侧，这样走路时不容易跌倒。

企鹅用脚后跟（这样脚不会太冷）和粗短的尾巴支撑着站立。厚厚的爪子可以避免企鹅在冰上滑倒。如果着急赶路，企鹅便会肚皮贴地，用翅膀向前滑动，这样行进速度就急剧加快，就像一艘雪上快艇！

在陆地上，企鹅看起来有些笨拙，但在水中它们可是灵活聪敏的游泳健将和潜水员！

用翅膀游泳比用翅膀飞行困难得多。在上升和下潜时，企鹅必须克服水的阻力。你试一试在水中上下挥手，再试一试在空气中上下挥手！

大多数会游泳的鸟类用脚蹼游泳，而企鹅用翅膀游泳！

企鹅不能在冷水中游太久，它们需要快速地捕食。南极企鹅下水一次至少要吃几十只小虾才能填饱肚子。帝企鹅喜欢吃凤尾鱼或其他小鱼，但这些鱼都很难捕捉。

帝企鹅成功捕获鱼类的概率约为10%！

企鹅们不但要养活自己，还要抚养企鹅宝宝！帝企鹅在孵蛋之前要积累厚厚的脂肪——大约6千克！因为待在冰面上时没有食物，企鹅爸爸在孵蛋时需要消耗之前积累的脂肪！

企鹅一年换羽一次。在没长出新羽毛之前，它们留在岸边，什么也不吃。这段时间它们的体重会下降一半。

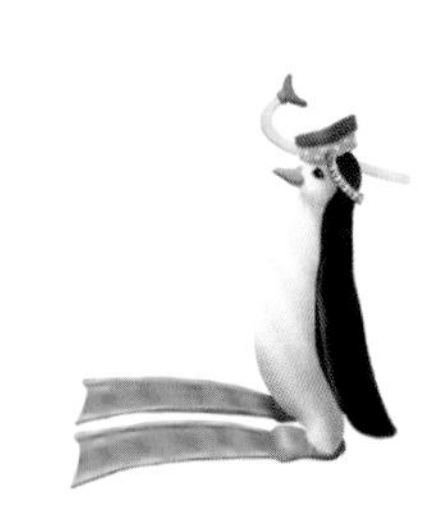

企鹅宝宝一开始羽毛颜色很浅，像婴儿身上的绒毛那样柔软。爸爸妈妈为它们取暖、喂食，企鹅宝宝快乐地生长。第一个月，企鹅宝宝可以用双脚站立。两个月后，企鹅宝宝就离开了父母。一岁的时候，企鹅宝宝就和爸爸妈妈差不多高了，甚至比它们还重。

企鹅们开始自己捕食的时候，会渐渐瘦下来，就像自己的爸爸妈妈那样身形匀称！

企鹅们会组建真正的大家庭。大部分的企鹅是非常忠诚的配偶，它们在一起生活很久，甚至可以长达16年——几乎是企鹅的一生！最忠诚的企鹅夫妻是帝企鹅，只有阿德利企鹅每个季节都会更换配偶。

虽然所有的企鹅都长得很像，但每一种企鹅都各有特色。

王企鹅虽然比帝企鹅小（你还记得吗？帝企鹅是企鹅中最大的），但颜色更亮，脑袋两侧有亮橙色的斑点。

在繁殖季节，王企鹅要吃大约7吨鱼！

冠毛企鹅非常有趣。它们的眉毛上长着金黄的羽毛，就像流苏一样，头顶上长着鸟冠！这些企鹅喜欢争吵，十分喧哗！冠毛企鹅居住在福克兰群岛，擅长攀岩。它们成群居住在福克兰群岛上的山岩突起处，个个都是攀岩好手。它们用小石子、草和骨头，把巢穴筑在高高的、隐蔽的草丛里。

马可罗尼企鹅数量最多！
它们长长的眉毛呈金色，
喙和下巴是红色的。

有些企鹅有两个名字。例如科学家称黄眉企鹅为厚喙企鹅。它们的喙很大很厚。这些企鹅生活在新西兰，一生有2/3的时间都独自生活，只有在繁殖幼鸟时才成对居住。

黄眉企鹅喜欢安静密闭的区域，
它们常常在小山洞、树根或者
灌木丛下的洞穴内
用嫩枝筑巢。

小蓝企鹅和它的近亲白鳍企鹅是世界上最小的企鹅。它们生活在新西兰和南澳大利亚。它们的食物是小鱼（长度不超过3厘米，就像你的大拇指一样长）。

傍晚，小蓝企鹅从海里回到岸上，
列队整齐划一，边走边喊，
一起向巢进发——就像在参加一场
声势浩大的游行。

黄眼企鹅(没错,这正是它们的名字)的数量最少。它们也居住在新西兰。黄眼企鹅的头是银色的，眼睛周围有金色条纹，后背是银灰色的——漂亮极了！这种企鹅结对生活，而不是成群生活。它们经常在巢里大声喊叫，互相问候，因此它们也被称为 Hoiho（意思是大嗓门）。

黄眼企鹅是企鹅中最稀有的，
也是最胆小的。
在动物园里可看不到它们！

在动物园里可以经常见到阿德利企鹅。它们的体型不是很大，好奇心旺盛，很容易信任别人。阿德利企鹅居住在南极洲。冬天它们会离开繁殖地，有时能走到 1000 千米以外，在那里的海洋中过冬。春天，阿德利企鹅们会返回原地，用石头筑巢。

企鹅越老，它的巢越深。
有的企鹅甚至用几百块
石头筑巢！

巴布亚企鹅是游得最快的企鹅，它能够潜到水下 200 米深的地方。巴布亚企鹅把巢建在离水 1000~2000 米的平地上。通常，巴布亚企鹅 1 次会生 2 颗蛋。

巴布亚企鹅的叫声和驴子很像，
所以它们也被称为“驴子企鹅”。

帽带企鹅的喙是黑色的，脖子上有细细的暗黑色条纹。它们住在南极洲的小岛上，有时也在冰山上玩耍（只是偶尔如此）。帽带企鹅们吃小蟹、磷虾。很难想象，它们得吃多少才能吃饱！

帽带企鹅的体型大小在企鹅中排名第三（前两名是帝企鹅和王企鹅）。

眼镜企鹅（非洲企鹅）居住在气候温暖的地方，甚至在非洲南岸也能看见它们。为什么称它们为“眼镜企鹅”呢？因为它们的羽毛很特殊：从喙到眼睛上方有一条弯弯的白色条纹，从远处看就像戴着一款时髦的眼镜！

非洲企鹅又被称为黑脚企鹅，因为它们的脚蹼是黑色的。

麦哲伦企鹅生活在南美。它们在松软的泥土或者沙子里挖洞筑巢。它们的企鹅宝宝甚至能在整整 5 个星期内都不把喙伸到洞外，由爸爸妈妈给它们喂食——它们把宝宝们藏得严严实实，防止受到敌人的侵袭。

麦哲伦企鹅最大的敌人是游客！这些人不仅打扰企鹅的生活，还破坏了它们的家园！

加岛环企鹅居住在离赤道几十千米外的地方——那里很热。白天它们在阴凉处休息，等到凉快一些，便外出捕鱼。它们是唯一一种涉足北半球的企鹅。

加岛环企鹅一年产三次卵！

洪堡企鹅或称为秘鲁企鹅在智利和秘鲁的海岸筑巢，那里有寒流经过。有时，这些企鹅会走得很远，甚至可能走到城市里。警察叔叔会给这些企鹅喂食，送它们回家。

企鹅们各有不同，它们是南极的征服者！

如果你想成为一只真正的企鹅，一定要事先好好考虑，还要和大人们多多商量！

再见！南极见！

动物园里的朋友们

本套书共三辑，每辑 10 册，共 30 册。明星作者以第一人称讲故事的形式，展现每个动物最与众不同、最神奇可爱的一面，介绍了每种动物的种类、生活环境、形态特征、生活习性等各方面。让孩子们足不出户也能了解新奇有趣的动物知识。

第一辑（共 10 册）

第二辑（共 10 册）

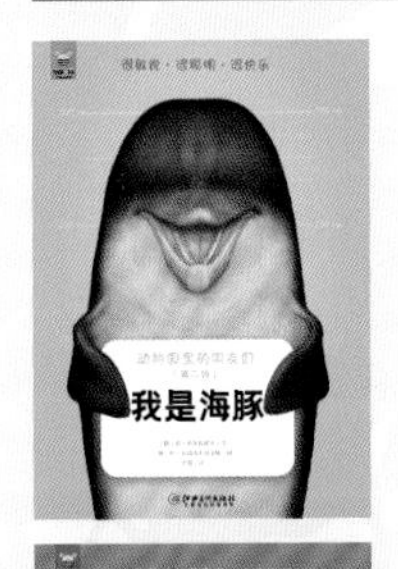

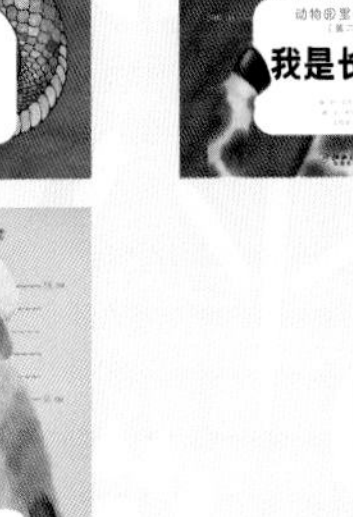

第三辑（共 10 册）

图书在版编目（C I P）数据

动物园里的朋友们. 第一辑. 我是企鹅 / (俄罗斯)
德·克雷洛夫文 ; 刘昱译. -- 南昌 : 江西美术出版社,
2020.11
ISBN 978-7-5480-7508-0

Ⅰ. ①动… Ⅱ. ①德… ②刘… Ⅲ. ①动物一儿童读
物②企鹅目一儿童读物 Ⅳ. ①Q95-49

中国版本图书馆CIP数据核字(2020)第071463号

版权合同登记号 14-2020-0158

Я пингвин
© Krylov D., text, 2016
© Djanikyan A., illustrations, 2016
© Publisher Georgy Gupalo, design, 2016
© OOO Alpina Publisher, 2016
The author of idea and project manager Georgy Gupalo
Simplified Chinese copyright © 2020 by Beijing Balala Culture Development Co., Ltd.
The simplified Chinese translation rights arranged through Rightol Media (本书中文简体版权经由锐拓传媒旗下小锐取得Email:copyright@rightol.com)

出 品 人：周建森
企　　划：北京江美长风文化传播有限公司
策　　划：巴拉拉
责任编辑：楚天顺 朱鲁巍
特约编辑：石 颖 吴 迪 王 毅
美术编辑：童 磊 周伶俐
责任印制：谭 勋

动物园里的朋友们（第一辑） 我是企鹅

DONGWUYUAN LI DE PENGYOUMEN(DI YI JI) WO SHI QI′E

[俄] 德·克雷洛夫 / 文 [俄] 阿·扎尼基扬 / 图 刘昱 / 译

出　　版：江西美术出版社
地　　址：江西省南昌市子安路 66 号
网　　址：www.jxfinearts.com
电子信箱：jxms163@163.com
电　　话：0791-86566274 010-82093785
发　　行：010-64926438
邮　　编：330025
经　　销：全国新华书店
印　　刷：北京宝丰印刷有限公司
版　　次：2020 年 11 月第 1 版
印　　次：2020 年 11 月第 1 次印刷
开　　本：889mm × 1194mm 1/16
总 印 张：20
ISBN 978-7-5480-7508-0
定　　价：168.00 元（全 10 册）

本书由江西美术出版社出版。未经出版者书面许可，不得以任何方式抄袭、复制或节录本书的任何部分。
版权所有，侵权必究
本书法律顾问：江西豫章律师事务所 晏辉律师

企鹅是一种不会飞的鸟，它们像人类一样直立行走。企鹅一年换羽一次。巴布亚企鹅的游泳速度最快，可达36千米/小时。

德·克雷洛夫

本书作者德·克雷洛夫是著名记者、演员、作家、电视节目《轻松简讯》的主持人。德·克雷洛夫早先是电视节目的编辑和导演，现在是莫斯科电视与广播学院新闻系负责人。

作者谈企鹅：

“我的工作是在不同的国家、不同的城市旅游，之后在电视节目中为大家做介绍。这次我有幸和企鹅对话，它们给我讲了很多关于自己的故事。因此我非常羡慕你，因为你将读到这本世界上最可爱、最动人的动物‘讲述’的故事！”

目录

官方微信二维码

上架建议：科普绘本

ISBN 978-7-5480-7508-0

像蛇一样灵巧·狡猾至极·像蝴蝶一样美丽

70CM

70CM

65CM

65CM

60CM

0CM

动物园里的朋友们

（第一辑）

我是狐狸

［俄］奥·沃尔科娃 / 文
［俄］奥·莫萨洛娃 / 图
于贺 / 译

江西美术出版社
全国百佳出版单位